カワウソ
KAWAUSO

カワウソとは――

よく遊び

よく眠り

よく食べて

また遊び

ちゃんと子育てして

また眠る　　そんな動物——

# カワウソは遊び大好き

子どものころからよく遊びます

ガブー

ガブガブー

はっぱ大好き

頭にのせて泳ぎます

# パイプ大好き

塩ビマニア

ぶらさがるの大好き

## すき間があれば指をつっこむ

# ころげまわるのも大好き

ごろごろ

くねくね

サッシだって自分であけちゃう

よってく？

よくねた！

眠るの大好き

## 寝相がいいとはいえません

だれのしっぽ？

※メス同士ですので

よっ

はっ

## 家族でおだんご

あくび

ふ

わ

あぁ

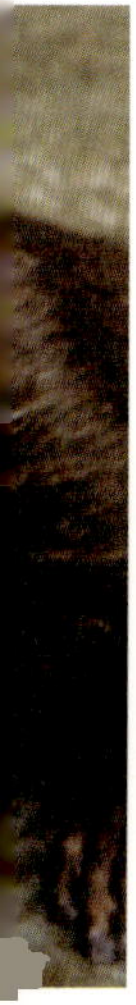

あ！

むにゃー

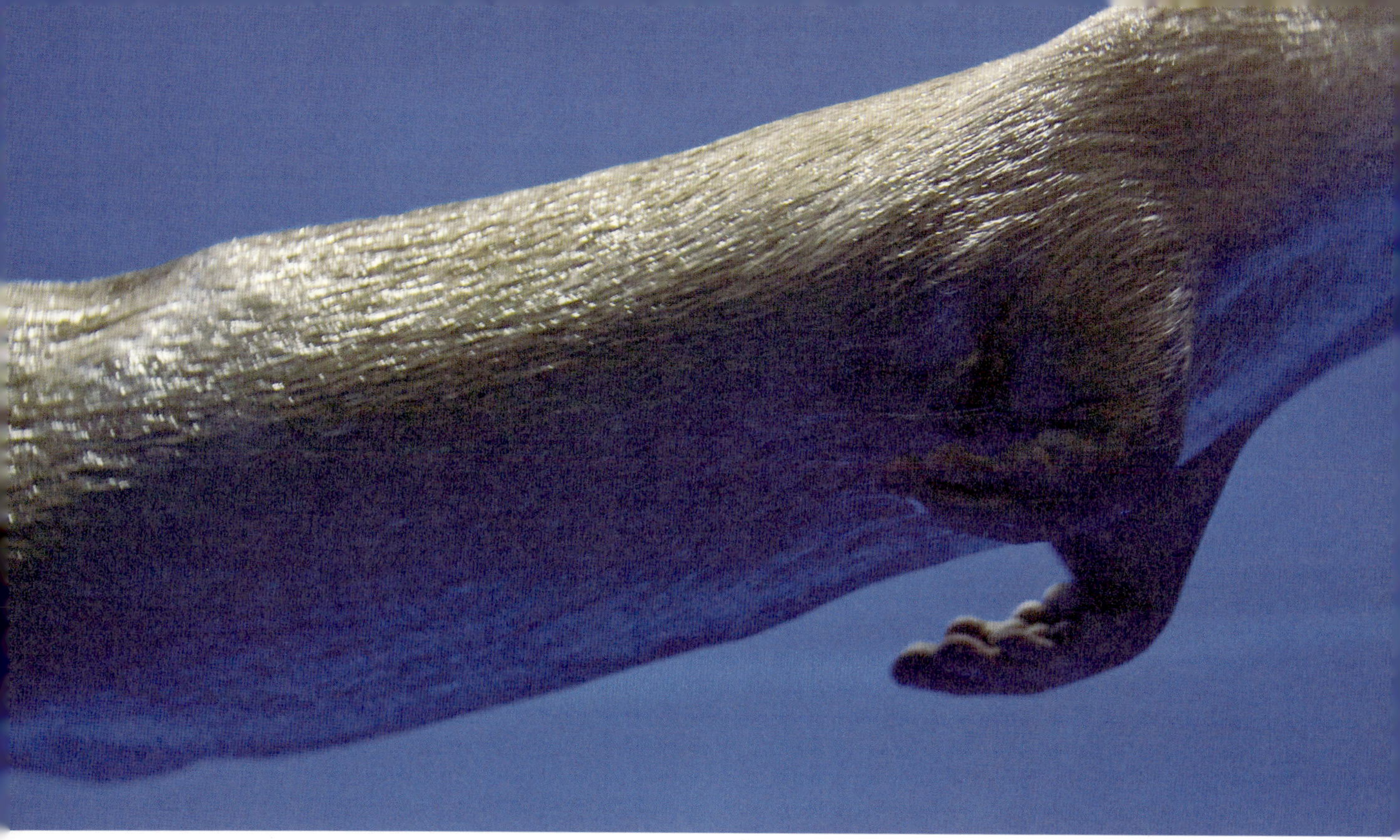

泳ぐカワウソ

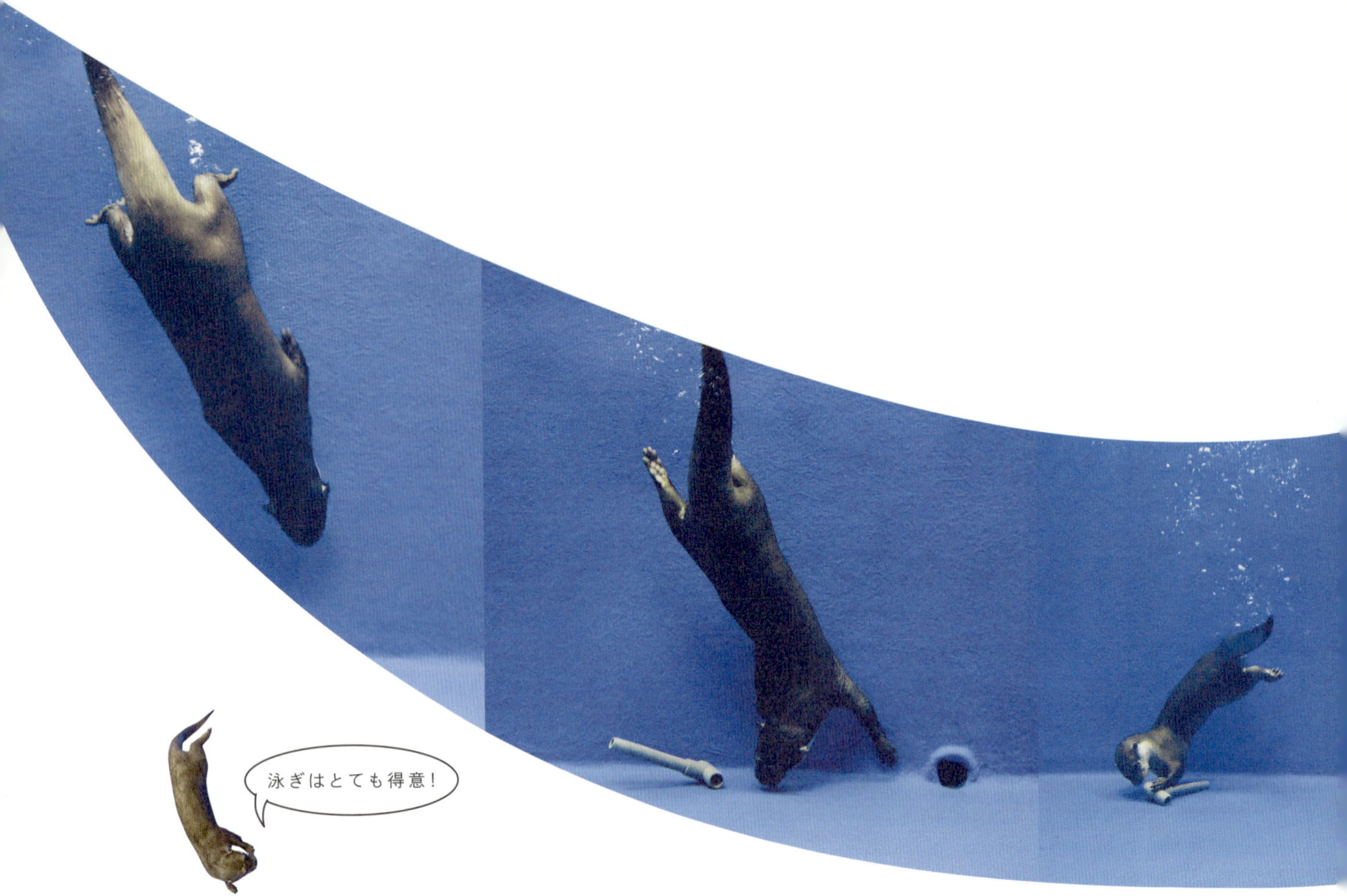
泳ぎはとても得意！

泡をぶくぶく出して
泳ぐよ！

水の中でもとっくみあい

宙に浮いてるみたい

こんなすてきな
トンネルつきの
動物園もあります

立派な水かき！

立派なしっぽ！

# 食べる
# カワウソ

ちゃんと手で
いただきますが

食べはじめるとこのとおり！

しっぽからもぎゅもぎゅ食べるカワウソも

離乳食はいきなりアジ

泳ぎながらでも食べます

しっぽだけ水につかってても食べます

魚　は　う

め

え

！

お父さんが子カワウソをつかみます

いやがります

# 子育てカワウソ

水につけます

いやがります

また水につけます

またいやがります

これから
泳ぎのれんしゅう
をします。

さぼり

# お父さんもどんどん子育てします

エサのねだり方を教わったりします

エサの時間になると家族そろって大騒ぎ！

遊びつかれた…

# カワウソ百面相

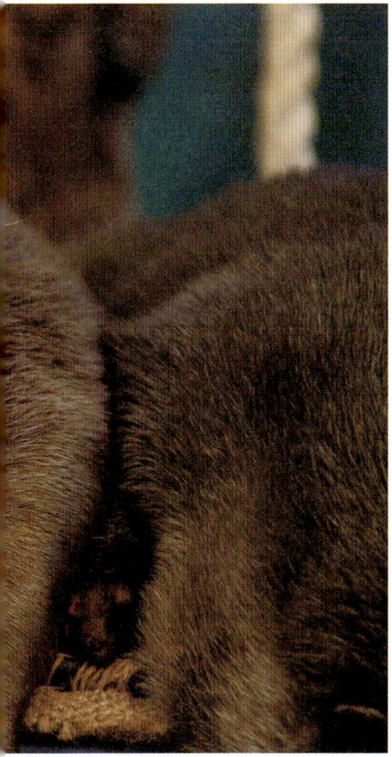

カワウソのすべて
KAWAUSO NO SUBETE

# 01

## カワウソとは？

カワウソはイタチ科の肉食動物です。世界中（オーストラリアとニュージーランド、マダガスカル、南北極地を除く）に13種類（IUCN Red List 2008の分類による）の仲間が住んでいます。最も小さなコツメカワウソでも体長（頭胴長）45～61cm、最も大きなオオカワウソでは1.4メートルにもなります。さらに体長の50～60%もの長さに達する、りっぱなしっぽがついています。熱帯から寒帯まで、地球上のさまざまな環境に合わせてそれぞれ進化した動物なので、種類によってだいぶ姿かたちや容貌が違います。ちなみにラッコも遺伝子で分けると完全にカワウソの仲間なのですが、生態がまるっきり違うのでこの本では省略しました。ごめんなさい。

カワウソは毛皮の質がよいため人間に狙われ、乱獲された悲しい歴史があります。またすみかが開発によってなくなってしまったり、環境汚染でえさが少なくなったりして、その数を減らしてしまいました。現在ではすべての種類のカワウソが、ワシントン条約などによって国際的な保護動物に指定されています。魅力いっぱいの動物であるカワウソの生存に協力するために、人間が努力しないといけない段階に来ているのです。

日本の動物園・水族館で見られる主なカワウソ

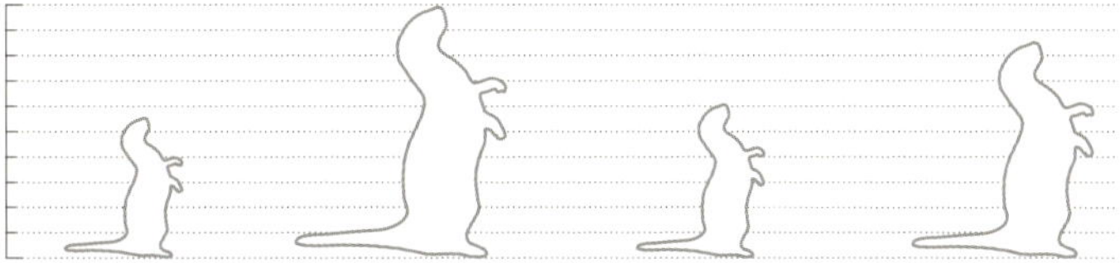

a コツメカワウソ　b カナダカワウソ　c ユーラシアカワウソ　d ツメナシカワウソ

a

b

c

d

02

カワウソたちが愛してやまないドンゴロス（麻袋）

## カワウソの日常

カワウソは水辺で暮らしています。えさを水中で捕ることが多いため、泳ぎがたいへんに得意です。アザラシ（水中で寝たりする）ほどには水中生活に特化していませんが、それでも5分程度は潜水できます。しなやかでスピーディなその泳ぎを見れば、彼らがなぜ水族館でも飼われているのか、すぐに納得できるでしょう。

カワウソは種類によって暮らし方もずいぶん違います。ひとくちに水辺といっても、川の上流部に住むものもいれば、湖や湿地、水田にいるもの、さらには海岸にいるものなど、実にさまざまな場所に住むことが知られています。ユーラシアカワウソやカナダカワウソはいつもは単独で暮らしますが、繁殖期だけオスとメスがペアになります。子どもは一人前になるまでのあいだ、母親が育てます。それに対しコツメカワウソはいつも群れで暮らしています。オスとメスの結びつきが強く、基本的に夫婦で子育てを行いますが、家族もそれを助けます。

群れで暮らすコツメカワウソは、とてもおしゃべりです。いつもキューキューと鳴きあって盛んにコミュニケートしています。仲間に危険を知らせたり、存在をアピールしたりするときは、ピャー！　ピャー！　とまるで鳥のような大きな声を出します。困ったときや助けがほしいときは、ミ゛〜〜〜と文字にしようのないような声を出すこともあります。一説によると、コツメカワウソは12種類以上の鳴き方を使い分けているそうです。

野生のカワウソは、ふんによるマーキングでなわばりを主張します。動物園や水族館ではその必要はないはずですが、やはり一定の場所にふんをするようです。ところでわたしは、コツメカワウソがおしっこやふんをする様子を見るのが大好きです。カワウソにしてみればそんなところを見られたくもないでしょうけど、一見の価値があります。というのも、踊るようにおしりを振りながらおしっこをするカワウソが結構いるのです。さらに終わった後に、ふんとおしっこをしっぽでかき混ぜ、まき散らしたりする念入りなカワウソもいます。

カワウソの匂いは独特で、一度嗅げばわかるはず。わたしの鼻では魚とヒツジが混じったような匂いに感じられます。

動物園や水族館でカワウソ舎をのぞくと、かならずドンゴロスという麻袋（左ページ写真）が吊ったり置いたりしてあります。どういうわけかカワウソはこれが大好きで、水からあがったときにぬれた体をこすりつけたり、袋の中に入って寝たりと大活用します。カワウソはぬれたままでいることがきらいなので、カワウソの飼育スタッフはいつもドンゴロスの洗濯と乾燥に追われるのだそうです（右写真）。

洗濯して乾燥中のドンゴロス

# 03

## カワウソボディのひみつ

### 「ひげ」

　カワウソのひげ（触毛）は、おもに鼻の横にたくさん生えていますが、下あご、目の上や横、さらには何とひじにまで生えています。水中でのカワウソは、これらのひげを使って水流の動きを検知していると考えられています。だから暗くても、濁っていても水中で魚をつかまえられるのですね。

実は顔じゅうひげだらけ

ひじの触毛

### 「鼻」

　カワウソの鼻は顔の上に突き出ていて、水の上に出して泳ぐことができます。水中では鼻の穴を閉じることができるそうです。またカワウソの種類を顔で見分けるときには、鼻がポイントになります。コツメカワウソは鼻の毛のない部分（鼻鏡）の上の縁がなだらかな山型になっていますが、ユーラシアカワウソではW型です。カナダカワウソでは生え際がずっと後退した逆V型になり、鼻全体がスペード型に見えます。

コツメカワウソの鼻

ユーラシアカワウソの鼻

カナダカワウソの鼻

「口」

　カワウソはあごの力がとても強く、魚の固い頭や骨、カニなどの殻を軽く噛み砕くことができます。口を開いたときに見えるりっぱな犬歯を見れば何となく想像がつくとは思いますが、本気で噛みつかれると大怪我になるので注意しましょう。

「毛」

　カワウソの毛皮は2層になっていて、表面は粗い毛ですが、中は細かい綿毛が密に生えています。このため水中では表面の毛は濡れてぺったんこになりますが、中は空気を含んで乾いたままなのです。ですから、カワウソが泳いでいるときに毛の表面からプクプクと漏れ出す泡の列を観察することができます。水から上がったカワウソは毛をそこいらじゅうにゴシゴシとこすりつけますが、あっという間に乾いてしまうのはこの毛皮の性質のためです。高い断熱効果と撥水性を維持するためには、日頃の毛づくろいが欠かせません。

## 「爪と水かき」

　ユーラシアカワウソやカナダカワウソには立派なかぎ爪がありますが、コツメカワウソやツメナシカワウソには、その名の通りほんの痕跡程度の爪しかありません。そのかわり指が発達しており、えさは丸くなった指先で器用につかむことができます。またこれと関連して、ユーラシアカワウソやカナダカワウソは前足、後足ともに発達した水かきを持っていますが、コツメカワウソやツメナシカワウソでは、前足の水かきが小さく、そのかわり指が動かしやすくなっています。コツメカワウソやツメナシカワウソはおもに水の濁ったところに住んでいます。そこでは前足を使ってあちこちえさを探り出す必要があるため、指が発達したと考えられています。

かぎ爪と水かきがあるユーラシアカワウソ

器用な丸い指のコツメカワウソ

しっぽでじょうずにスタンディング

トイレ中はしっぽをぴんと立てます!

「しっぽ」

　太く長いしっぽはカワウソを語る上では欠かせない特徴です。筋肉質のやや平べったい三角錐型で、水中では推進力となったり、泳ぐ方向をコントロールするのに役立っています。もっとも陸上ではもてあましぎみで、走るときは地面すれすれまで上げていますが、ゆっくり歩くときはひきずったりします。

　しかし後足でスタンディングするときには、この太いしっぽがあるおかげでじょうずにバランスを取ることができるのです。

04

## 食べるカワウソ

カワウソは水中で活動することが多いため体の熱を奪われやすく、そのうえよく動き回るために、大食いです。アザラシなどが保温のために皮下脂肪をたくわえ、コロコロした体型になっているのに対し、カワウソにはほとんど皮下脂肪がなく、その分は毛皮と高い代謝率でカバーします。つまり体温を保つために、常に大量に食べなければいけないのです。一般にカワウソは、1日に自分の体重の15%から20%もの量のえさを食べなければ、生きていけません。このことが、カワウソの数が減ることになった構造的な原因のひとつでもあるのです。

カワウソのおもなえさは魚です。コツメカワウソは雑食性が強く、ザリガニやエビ、カニ、ヘビ、トカゲ、カエル、貝類、昆虫類も食べます。カナダカワウソなどは、ネズミや小型の鳥まで食べます。

動物園や水族館で見かけるえさとしてはアジがメジャーですが、スメルトという小魚やドジョウ、時にはウナギなどもあげています。動物園によっては魚だけでなく馬肉や鶏頭などもあげるところがあります。では植物質のものはまったく食べないのかというとそうでもなく、野生のカワウソは魚が捕れないとイモや果物、草木の若葉や樹皮などを食べることもあるようです。動物園や水族館では、カワウソの健康を考えて、いろいろな栄養の入ったペレットフードを与える場合もあります。

おちついて食べましょう。

パイプだって大好き！

## 05 遊ぶカワウソ

どうぶつ小学校があるとすれば、カワウソの通信簿にはたぶん、「好奇心旺盛で適応力に富むが、落ち着きがなく、いつもいたずらばかりしている」と書かれるはずです。

カワウソは、起きている限りせわしなく動き回り、いつも何かをして遊んでいます。手先の器用なコツメカワウソは石などをおもちゃにし、あおむけに寝たまま両手でもてあそんだりします。ドアノブを回したりやペットボトルのキャップを開けたりもします。さすがにキャップを閉めることはできないそうです。ユーラシアカワウソやカナダカワウソだ

って負けていません。石や葉っぱを頭に乗せて泳いだり、雪が降れば雪滑りをしたりします。多くの肉食動物が、狩りをしていないときはごろごろ寝て暮らすというのとは大違いです。

カワウソ文学の世界的な名著『カワウソと暮らす』で、著者のマクスウェルさんはこのように書いています。「成長しても遊びの習慣を持続する動物はごく限られている。通常の動物は食うこと、眠ること、子を産むこと、またはこれらの目的に関連する仕事に没頭しているものだが、カワウソはこの法則の数少ない例外に属していて、一生のうちのじつに多くの時間を、ときには相手もなしの遊びに費やしているのである。」

## 06

## 子育てカワウソ

たとえばコツメカワウソは、えさがたくさんあるかぎり、どの季節でも子どもができます。妊娠期間は2か月で、いちどに産まれる数は1～6頭と、結構ひらきがあります。

生まれてすぐのコツメの赤ちゃんは色が白っぽく、目も開いていません。体の色はだんだん濃くなり、40日程度で目が開くようになります。その後の40日ほどの間には、もう魚などの固形のえさも食べはじめます。この頃から親カワウソはせっせと赤ちゃんを水に浸けるようになります。いやがる子どもたちを水に落としたり、水に引きずり込んだりして、熱心に泳ぎを教え込む親カワウソもいます。カワウソがじょうずに泳げるのはもちろん本能なのでしょうけど、教育しないとその能力が開花しないのは不思議です。とにかくこの水泳訓練は面白い習性なので、機会があればぜひ観察してみてください。

# 07

## ふぉとカワウソ

寝ている姿もかわいいですが…

カワウソの撮影は意外にむずかしいものです。なぜかというと、①ゾウやキリンに比べて体が小さく、動きもすばやい　②どちらかというと夜行性なので、薄暗いところにいることが多い　③水陸両用の生活なので、特に水族館などではガラスごしの撮影になる……といった問題があるためです。犬猫の撮影には自信がある方でも、同じ調子でカワウソを撮ると失敗し、くやしい思いをしたりします（わたしです）。ここでは、動物園や水族館でかわいいカワウソ写真を撮るためのポイントをまとめてみます。ちなみに野生のカワウソは見たこともないので、どうやったら撮れるのか、まったくわかりません。

### 「開園直後をねらえ」

まずはモデルさんたちの生活を知ることが大切です。娯楽目的で動物園や水族館に出かけると、午前11時とか午後2時とかのユルい入場になると思いますが、そのころは同じくカワウソも娯楽の時間帯なので、お昼寝を楽しんでおられます。そんなときお子様などは寝ているカワウソに向かって「かわうそー！」などと叫んで起こそうとしますが、無駄です。動物園の動物はお客さんの都合で目を覚ましたりなどしないものです。ですから目のぱっちり開いたカワウソの写真を撮りたい人は、カワウソの都合に合わせましょう。多くの場合、カワウソは朝、バックヤードの寝室から歩いて放飼場に出勤します。この直後であれば、どんなユルいカワウソでも必ず覚醒していますから、確実に撮影できるわけです。本気のカワウソ撮影に行くときは、一番乗りで入場するつもりで朝早く出かけましょう。

**「お食事タイム直前をねらえ」**

　カワウソは代謝スピードのやたらと速い動物ですから、あっという間におなかが減ります。朝夕のメインの食事の他に、昼食をあげたり、ドジョウなどのおやつをあげたりしているのはこのためです。おなかが減ると、特にコツメカワウソなどはピャー！　ピャー！ミ゛〜〜〜と鳴きまくり、とってもにぎやかです。ちょこまかと遊び回るのをやめ、スタンディングなどして飼育員さんたちに存在をアピールするこの時間帯は、絶好の撮影タイムです。まさに「魚やおやつのためなら何でもしますよー」という雰囲気。お食事がはじまってしまうと、肉食獣の本性むきだしのすさまじい表情になりますが、そちらの撮影の方もお好みでどうぞ。

**「あるとうれしい望遠レンズ」**

　カワウソの表情やしぐさをはっきり写そうとしたら、望遠レンズは必須アイテムです。何ミリのレンズがあればいいですか、という質問にはケースバイケースなので答えようがありませんが、ズームの望遠側が最大で300ミリぐらいあると、少し遠くのカワウソもどアップで撮れそうです（わたしは持ってないので何とかしないと）。他のお客さんのいる

望遠がないと遠いカワウソ

シャッタースピードに注意!

動物園や水族館で三脚を立てるのはマナー違反ですから、原則として手持ちで撮ります。手ブレ補正機能がついている機材がよいでしょう。また水族館では室内撮影が多いので、なるべく明るいレンズがほしくなりますが、明るいレンズは重くて高価です。F5.6か、F4か、F2.8か・・・レンズの明るさは腕力とお財布に相談して決めてください。

**「最新のデジタル一眼を」**

コツメカワウソのちょこまかした動きをナメてかかってはいけません。100分の1秒なんてなまくらなシャッタースピードでは間違いなくブレます。どんなにうす暗い場所でも、その半分の200分の1秒は確保するように努力しましょう。となるとISO感度はかなり上げなくちゃいけません。ISO1600とか3200とかを常用することになるので、高感度でノイズが少ない最新のデジタル一眼を用意します(わたしは買えないので何とかしないと)。ひょっとするとカワウソの魅力は、カメラの性能向上によってはじめて人類に開示されつつあるものなのかもしれないので、ここはお金に糸目をつけている場合ではありません。高感度化や暗いところでのオートフォーカス性能アップなど、デジタルカメラの最新技術はすべて、あますところなくカワウソ撮影のためのものです。それから言うまでもないですが、フラッシュはモデルさんがびっくりしますから、使わない方がいいと思います。特に赤ちゃんカワウソを撮る場合などは、必ず「発光禁止」に設定してくださいね。

**「ガラスごしでもテカらない」**

　水族館ではガラスごしに展示されていることも多く、カワウソがクリーンなお座敷動物と誤解される一因になっているような気もします。個人的には、うるさい鳴き声も聞こえず、強烈な匂いもしないカワウソ展示は、少々寂しいです。それはそれとして、ガラスごしでもやはり撮りたいので、写り込み対策を考える必要があります。基本は、反射を拾わないよう、なるべくレンズをガラス表面に近づけ、自分の影の中に入るようしてに撮ることです。一般に反射の除去には偏光フィルタが有効ですが、偏光フィルタを入れるとぐっと暗くなります。そのためなるべく明るさを稼ぎたいカワウソ撮影では、あえて使わないことが多いです。それよりレンズにラバーフードなどを取り付け、ガラスに密着して撮る方が現実的です。フードは、カワウソの動きに釣られてレンズ先端をガラスに激突させないためにも、必ず付けましょう。

ガラスごしだとテカります

剥製にお会いしました

## 08 幻のニホンカワウソ

世界中に分布するカワウソですが、いま日本に野生のものはいないのでしょうか。答えはイエスともノーともいえません。ユーラシアカワウソの一亜種とも、独立した種類ともいわれているニホンカワウソは、明治のはじめまでは日本のそこいらじゅうに暮らしていました。カッパ伝説の残るような水辺の土地には、たいていカワウソが住んでいたと考えて間違いないでしょう。それが明治以降、毛皮と肝臓を採るために乱獲されるようになりました。昭和3（1928）年に捕獲が禁止されるものの、密猟が続き、カワウソはどんどん数を減らしてしまうのです。その後のおよそ30年間で、全国のニホンカワウソは絶滅したと考えられています。

ところが四国の西南部だけは別でした。戦後まもない頃から、まず愛媛県でニホンカワウソに対する関心が高まり、昭和39（1964）年には県獣に指定され、翌年には国の特別天然記念物になります。道後動物園では保護されたカワウソの飼育も行われました。しかし努力の甲斐なく、ニホンカワウソは減り続けました。1970年代になると高知県でもカワウソに対する関心が高まり、マスコミが大きく取り上げたりしたおかげで全国的に知られるようになります。しかし1979年に須崎市の新荘川に現れたのを最後に、ついにニホンカワウソは姿を見せなくなりました。その後の調査でふんや足跡などの痕跡は見つかっていますが、生き残っているのかどうかは明確な結論は出ていません。

＊2012年、環境省により絶滅種に指定

# カワウソなび

KAWAUSO NAVI

○日本でカワウソに会える動物園・水族館の情報です。撮影の際に訪ねた各施設の説明は 2010 年当時のものですが、その後の変化も追記しました。

○カワウソだって生まれたり死んじゃったりします。カワウソに会いにいくときは、各動物園・水族館の最新情報を Web ページ等でご確認ください。

○特にお食事タイムは常に変わります。ここに記載されている情報はあくまで目安と考えてください。心配な方は確認してからお出かけください。

## ↘ 著者が訪ねた動物園・水族館

〈北海道〉

### サンピアザ水族館

［コツメカワウソ］
北海道札幌市厚別区厚別中央2-5-7-5
☎011-890-2455
http://www.sunpiazza-aquarium.com/
カワウソ空間 ………………………… ガラスごし

札幌の副都心、新札幌の大型ショッピングセンターに隣接する都市型水族館です。2Fの目立つ場所にコツメファミリーが暮らしています。ふれあいタイムには、ガラス面に開けられたパイプを通して、誰でもカワウソと指先タッチができます。これはコツメカワウソの習性（すき間があれば手を突っ込んでえさがないか探す）を利用したもので、各地の水族館でカワウソふれあいイベントのスタンダードになりつつあります。2009年10月にはアクリル水槽が新しく設置され、ふたつの透明なプールをパイプでつないだ中を泳ぐ様子が観察できるようになりました。（2010年2月）

〈東京〉

### 東京都恩賜上野動物園

［コツメカワウソ・ユーラシアカワウソ］
東京都台東区上野公園9-83
☎03-3828-5171
http://www.tokyo-zoo.net/zoo/ueno/
カワウソ空間 ……………………………………
…………檻ごし（ユーラシア）ガラスごし（コツメ）

言うまでもなく日本を代表する動物園。ユーラシアカワウソ舎はメインストリートに面し、透明トンネルつきのアクリル水槽が飛び出していることもあってお客さんが絶えません。檻ごしなので撮影はむずかしいのですが、お魚をもらいにアクリルボックスにやってきたときが狙い目。アクリルにぐっと近づいて撮れば写り込みも避けることができますが、混んでいると寄るのが大変かも。一方のコツメカワウソは、マレーグマ舎の片隅でひっそり暮らしています。「クマたちの丘」ができたとき、マレーグマとの共生のために呼ばれたそうです。そそっかしいお客さんは、コツメカワウソの姿を見てマレーグマだと思い込み、ずいぶん小さい熊もいるもんだと誤解したまま帰るという噂です。※動物の体調等により展示・イベントは中止になる場合があります。（2010年2月）

〈東京〉

### サンシャイン水族館

［コツメカワウソ］
東京都豊島区東池袋3-1
☎03-3989-3466
https://sunshinecity.jp/aquarium/
カワウソ空間 ………………………… ガラスごし

日本初のビルの屋上水族館。コツメカワウソが屋外にある「Zoo-Zoo広場」の「カワウソビレッジ」で暮らしています。同居しているリスザルが落としたえさを食べていることもあります。お昼寝は穴に引っ込みますが、それを裏からのぞくことができる「どきどきトンネル」があります。全面ガラス張りなので、晴れでも雨でも撮影にはちょっと苦労するかも。カワウソの親戚であるラッコはスター扱いらしく室内の水槽で暮らしているので、ちょっとくやしいコツメファンです。（2010年2月）

その後、2011年8月リニューアルオープンした際に一度、カワウソ展示が消滅してびっくりしましたが、2013年2月に無事復活、以降カワウソは人気の展示になっています。展示場所の名前は変わっています。ちなみにラッコは残念ながら現在展示されていません。（2019年5月）

〈東京〉

## 東京都多摩動物公園

［コツメカワウソ］
東京都日野市程久保7-1-1
☎042-591-1611
http://www.tokyo-zoo.net/zoo/tama/
カワウソ空間 …………………………………… ガラスごし

2008年に完成したウォークイン・バードケージの片隅がカワウソ舎になっています。放飼場はそんなに広く見えませんが、リアルな滝があったり水中へ続くらしい謎の穴があったりと、新しい施設らしく工夫でいっぱいです。バードケージ側の窓からは水中も観察できます。通りがかったお客さんは必ず足を止めて見入るので、結構混雑します。2009年10月に生まれた子たちが元気に育っています。（2010年2月）

〈神奈川〉

## よこはま動物園ズーラシア

［ユーラシアカワウソ］
神奈川県横浜市旭区上白根町1175-1
☎045-959-1000
http://www.hama-midorinokyokai.or.jp/zoo/zoorasia/
カワウソ空間 …………………………………… ダイレクト

ベタだとは知りつつも、ズーラシアなのでユーラシアカワウソなのかと思わずにいられません。「亜寒帯の森」の山陰にある素敵な放飼場に住んでいます。プールがふたつもあり、それをつなぐ渓流のような通路で追っかけっこができます。木も石もいっぱいあってかくれんぼもやりたい放題。もし動物園カワウソに生まれたら、ぜひこんな環境で暮らしてみたいものです。朝、展示場に出る前にえさのドジョウをはなすので、開園直後がおすすめです。（2010年2月）

その後、放飼場が二つに仕切られてちょっと狭くなってしまいましたが、別の個体を同時に展示できるようになりました。（2019年5月）

〈千葉〉

## 千葉市動物公園

［コツメカワウソ］
千葉県千葉市若葉区源町280
☎043-252-1111
http://www.city.chiba.jp/zoo/
カワウソ空間 …………………………………… ダイレクト

ひところ一世を風靡した直立レッサーパンダの「風太」くんがいる動物園です。風太ばかりが注目されて陰に隠れがちでしたが、風太に負けじと？　前足を胸のあたりにちょこんとたらし、後足で立ち周囲を見回す様子が何とも愛らしい！　いつアイドルになってもおかしくありませんよね。

カワウソ舎はレッサーパンダ舎の通りをへだてたお隣で、もともとはカナダカワウソ用に作られたため、家族で過ごすには広くてラッキーな自由空間です。獣舎の出入口でダンゴになったり、砂場でゴロゴロしたり、撮影には距離があるのでちょっと長めの望遠レンズがほしくなります。水中観察のできる窓が2ヶ所あったり、どんぐりのなる大きな木が生えてたり、赤ちゃんを水に慣らすことのできる水の流れがあったりと、見せ場がたくさんあります。

カナダカワウソに代わってやって来たコツメのペアは子宝にめぐまれませんでしたが、2008年に登場したペアは2009年8月10日、めでたく子宝にめぐまれ現在に至っています。この調子でどんどん増殖し、コツメベビーの魅力でレッサーパンダを上回る人気をゲットしてほしいものです。（2010年2月）

〈千葉〉
## 市川市動植物園
［コツメカワウソ］
千葉県市川市大町284
☎047-338-1960
http://www.city.ichikawa.lg.jp/zoo/
カワウソ空間 ……………………………ダイレクト

小さな動物園ですが、レッサーパンダがやたらといます。長寿のカナダカワウソとなかよしコツメ夫婦が人気を集めていましたが、残念なことに立て続けにお星さまになってしまいました。現在、新人のコツメカワウソ1頭（オス）のみになっていたのですが、なんと、2010年4月中に、コツメカワウソ1頭（メス）と、カナダカワウソ2頭（オスとメス）がやってくることに。カワウソ舎がふたたびにぎやかになることでしょう。（2010年2月）

カナダカワウソの再展示の件は、残念ながら実現しませんでしたが、コツメカワウソはその後、順調に繁殖し、放飼場も広くなりました。また2012年からエンリッチメント遊具「流しカワウソ」が設置され、大人気の展示になりました。（2019年5月）

〈千葉〉
## アロハガーデンたてやま
［コツメカワウソ］
千葉県館山市藤原1495
☎0470-28-1511
https://www.aloha-garden-t.com/
カワウソ空間 ……………………………ダイレクト

南房パラダイスには、かつて同一ペアによる繁殖数29頭という世界記録を達成した「世界一、子だくさん」なコツメ夫婦がいました。房総半島の先端という温暖な気候が、南方生まれのコツメカワウソの成育に適しているのかもしれません。残念ながらすでに代替わりしていますが、今でも元気な若いペアが飛び回っています。餌付け体験では、1回100円で好物の生きたドジョウを放ってあげられるのですが、直立してちょうだいちょうだいコールをするカワウソの姿を上から見ていると、あまりのかわいさに理性を失いそうになるので気をつけましょう。（2010年2月）

南房パラダイスからアロハガーデンたてやまに名前が変わりましたが、カワウソ展示は続いています。（2019年5月）

〈茨城〉
## 日立市かみね動物園
［コツメカワウソ］
茨城県日立市宮田町5-2-22
☎0294-22-5586
https://www.city.hitachi.lg.jp/zoo/
カワウソ空間 ……………………………ダイレクト

太平洋が見える動物園。このところライオンが生まれたりゾウ舎が新しくなったりして派手な話題に事欠きません。そんな中で、コツメカワウソも地味に人気者です。正門入って右手、ふれあい広場の手前の、プールに囲まれた小さな小屋に住んでいますが、なんとその小屋のアルミサッシはカワウソたちが自分で開け閉めするのです。手先の器用なコツメカワウソの面目躍如という感じですが、考えてみると何ともフリーダムな飼育環境ですよね。（2010年2月）

〈福井〉

## 越前松島水族館

［コツメカワウソ］
福井県坂井市三国町崎74-2-3
☎0776-81-2700
http://www.echizen-aquarium.com/
カワウソ空間 ………………………………… ガラスごし

越前海岸の絶景に面した水族館。

2009年3月に「新かわうそ館」がオープンしました。新しい展示場は3室に区切られています。特に一番右の区画は赤ちゃんが小さいうちはシャッターで非公開にできるようになっていて、カワウソ夫婦が安心して子育てできるように配慮されています。赤ちゃんカワウソが水に慣れるために、プールには浅瀬が作られています。また中央の部屋はプール部分が飛び出しており、水中に余計なものが一切ないため、カワウソが水中を泳ぐ姿を実にクリアに観察することができます。お食事タイムには、スタッフが一頭一頭ていねいにえさをあげます。

コツメたちは塩ビ管でできた特製のおもちゃで遊んでいますが、それを見ていると指先の器用さがよくわかります。あまりに楽しそうなので、いっしょに遊びたくなる水族館です。（2010年2月）

〈愛知〉

## 東山動植物園

［コツメカワウソ］
愛知県名古屋市千種区東山元町3-70
☎052-782-2111
http://www.higashiyama.city.nagoya.jp/
カワウソ空間 ……………… ガラスごし、ダイレクト

60ヘクタールもの広さを誇る日本屈指の動植物園。コツメカワウソは東山スカイタワーのふもとにある自然動物館の、夜行性動物コーナーの入口に住んでいます。この施設では照明で昼夜を逆転させて、日中に夜の行動を見ることができるようになっています。カワウソはタヌキと同じように、基本は夜行性だけど昼間も活動する動物なのだそうですが、とにかくここでは昼が夜なのでしっかり暗く、夜のカワウソの姿が見られます。

ここのカワウソたちのあいだでは、吊ってある麻袋に引っかかったようになって手足をバタバタさせる遊びが流行ってます（ひっかかってるわけじゃないので安心して、という注意書きまであります）。何とも形容しがたい妙ちきりんなアクションですが、軽く自分の全体重を支えられるカワウソのあごの力に驚かされます。（2010年2月）

2013年から新アジアゾウ舎「ゾージアム」内でもカワウソが展示されています。自然動物館での従来の展示も継続中。（2019年5月）

〈静岡〉

## 浜松市動物園

［コツメカワウソ］
静岡県浜松市西区舘山寺町199
☎053-487-1122
http://www.hamazoo.net/
カワウソ空間 ………………………………… ガラスごし

浜名湖のほとりの森の中にある動物園。なぜか頭に石をのせて遊ぶカナダカワウソがいて、人気があったのですが、残念ながら現在はコツメカワウソのみになってしまいました。

カワウソが住んでいるのは、2009年3月にできたばかりの「新小獣舎」。カワウソのおうちにしては、かなりクールなデザインかも。広い水槽は全面ガラス張りで、水中のカワウソの動きもしっかり観察できます。わきの丸窓を覗くとそこは屋内展示室。寒い日もカワウソが見れるのはうれしいですね。（2010年2月）

〈岐阜〉

## 岐阜県世界淡水魚園水族館<br>アクア・トトぎふ

［コツメカワウソ］

岐阜県各務原市川島笠田町1453

☎0586-89-8200

http://aquatotto.com/

カワウソ空間……ダイレクト(4F)、ガラスごし(3F)

世界最大級の淡水魚水族館。コツメカワウソが、エレベータで上がってすぐの「長良川上流」エリアの盛り上げメンバーとして、ニホンカワウソのピンチヒッターをつとめています。4Fでは上から、3Fでは水中の様子も観察できます。このあたりは大阪の海遊館とそっくりな構成ですが、4Fにはなぜかカワウソの表示がないため、一般のお客さんはさっと通り過ぎちゃいます。

でもカワウソ好きの人は、4Fに上がった途端に匂いでカワウソがいることがわかるはず。3Fが混んできたら、4Fからカワウソを眺めるとしましょう。3Fでは巣穴（寝室）が覗けたり、ブック型の解説パネルがあったりします。(2010年2月)

〈大阪〉

## 海遊館

［コツメカワウソ］

大阪市港区海岸通1

☎06-6576-5501

http://www.kaiyukan.com/

カワウソ空間……ダイレクト(8F)、ガラスごし(7F)

世界最大級の水族館。エスカレーターで一気に最上階まで上がると、トップで登場するのは何とコツメカワウソ！　ビルの8階なのにリアルな滝があり、その横でコツメファミリーがきゃいきゃい遊んでいます。「日本の森」の代表みたいな大抜擢キャスティングに拍手～！　ですが、カワウソの例にたがわず寝てることも多く、お客さんには「コツメカワウソ日本の動物とちゃうやん」とかツッコまれています。7階に降りると水中の姿も観察できますが、木が邪魔でよく見えない場所があったりしてちょっと残念。ところで、4階にある「海遊館ギャラリー」で2010年1月まで行われていた「ふれあいライブ館」という企画展示は、すごかったですよ。すべてアクリルで組まれたカワウソブリッジやカワウソパイプ、カワウソボックスごしに、コツメファミリーが遊び回る姿をかぶりつきで観察することができるという、頭がどうにかなりそうなほど楽しい企画だったのです。カワウソファンとしてはぜひ常設展示化を望みたいところです！（2010年2月）

〈岡山〉

## 池田動物園

［コツメカワウソ］

岡山県岡山市北区京山2-5-1

☎086-252-2131

http://www.urban.ne.jp/home/ikedazoo/

カワウソ空間……………………………金網ごし

まちなかの山の斜面に広がる動物園。アットホームな雰囲気で何度も通いたくなるような場所です。

日本最高齢のカナダカワウソが、入ってわりとすぐのところ（アミメキリンの向かい）でひっそりと暮らしています。金網張りで、しかもその前に鉄製の柵もあるので、写真撮影はかなり難しいです。ぺたぺた歩いてすいすい泳ぐ、おおらかな動きをのんびり眺めてすごしましょう。金網ぞいにお昼寝ボックスがあります。いないなと思ったらすぐ目の前で寝てた、なんてこともあるのでチェック。(2010年2月)

日本最高齢（推定23歳）だったカナダカワウソは2010年3月に惜しくも他界。そのあとをコツメが引き継いでいます。2013年には新施設「カワウソラグーン」ができました。(2019年5月)

〈香川〉

## 新屋島水族館

［コツメカワウソ］
香川県高松市屋島東町1785-1
☎087-841-2678
http://www.new-yashima-aq.com/newYAQ/home/home.html
カワウソ空間 ……………………………ダイレクト

屋島の山のてっぺんにある水族館。コンパクトなカワウソブースはにぎやかなアシカプールの前にあり、アシカライブの真っ最中にも、お客さんの背後からピャーピャー鳴いてショーを盛り上げます（実はえさのおねだり）。

アクリルの柵ごしに遊んでもらえますが、おさわりは反則です。なにしろすぐ目の前で寝てくれるので思わずタッチしたくなりますが、そこをぐっとこらえて静かに見守りましょう。（2010年2月）

〈徳島〉

## とくしま動物園

［コツメカワウソ］
徳島県徳島市渋野町入道22番地の1
☎088-636-3215
http://www.city.tokushima.tokushima.jp/zoo/
カワウソ空間 ……………………………ダイレクト

四国最大級（15ヘクタール）の動物園。「温帯プロムナード」内の半円形の放飼場で、コツメカワウソが仲良く暮らしています。プール上にちょっとしたボードウォークが作られているのですが、これが効果絶大。水浴び後に濡れた体をゴ～シゴ～シとすりつけたり、気持ちよさそうにひなたぼっこする姿を間近に見ることができます。ガラスの柵の上からも撮れますが、身を乗り出してカワウソの上に落ちないように注意しましょう。

また、先ごろ水槽の新設などを含む改修計画が発表されたので、これからが楽しみです。（2010年2月）

他に類を見ないユニークな形の新水槽が2011年3月にできました。水中のカワウソを横からだけでなく、下からも観察することができます。（2019年5月）

〈愛媛〉

## 愛媛県立とべ動物園

［コツメカワウソ・ニホンカワウソ剥製］
愛媛県伊予郡砥部町上原町240
☎089-962-6000
http://www.tobezoo.com/
カワウソ空間 ……………………………ダイレクト

しろくまピースが大人気の動物園。現在、カワウソは飼育していませんが、前身の道後動物園時代に世界で唯一、ニホンカワウソを12年間飼育した実績があります。その関係で、砥部町に移転したとき園のシンボルマークをニホンカワウソにしたのだそうです。姿が見られなくなって久しいニホンカワウソの姿を永久に残そうという、強い願いが込められています。動物園にわざわざ剥製を見に行く人は少ないと思いますが、ニホンカワウソの剥製3体が「こども動物センター」で公開されているので、しみじみと在りし日の姿をしのんでみてはいかがでしょうか。

ところでとべ動物園には「移動動物園車」というのがあるのですが、何と車の上に巨大なハリボテのニホンカワウソが乗っているそうです。ぜひいちど見てみたい！（2010年2月）

満を持して2011年4月、ついにコツメカワウソの展示を開始しました。（2019年5月）

〈高知〉

## 桂浜水族館

［コツメカワウソ］
高知県高知市浦戸778
☎088-841-2437
http://www.katurahama-aq.jp/
カワウソ空間 ……………………………………ダイレクト

高知と言えば坂本龍馬と桂浜ですが、その桂浜の真正面にある歴史ある水族館です。時間帯によってはコツメカワウソの「ピャーピャー（お魚ちょうだい！）」声が浜の方まで響きわたるので、カワウソ好きの人は桂浜観光どころじゃなくなっちゃいます。展示場は金網で囲われた手作り感あふれるコンパクトなスペースですが、水中の姿もちゃんと見えます。金網に撮影にはちょっと厄介ですが、カワウソがしがみつくとカワウソまでの距離はゼロになるのがうれしいところ。いや、距離ゼロどころか指先などは網目から飛び出しているので、目を凝らしてディテールをしっかり観察しましょう。食べ物だと思って噛みつかれるので、決して手を入れないようにしましょう。（2010年2月）

現在の展示は金網ごしではなく、一部アクリル張りで、上部からは直接カワウソを見ることができるものに変わっています。（2019年5月）

〈高知〉

## 高知県立のいち動物公園

［コツメカワウソ・ユーラシアカワウソ・ツメナシカワウソ・ニホンカワウソ剥製］
高知県香南市野市町大谷738
☎0887-56-3500
http://www.noichizoo.or.jp/
カワウソ空間 ……………………………………ダイレクト

のいち動物公園は日本国内の動物園・水族館で飼育されているカワウソの血統管理をしているだけあって、名実ともに「カワウソ動物園」です。3種類のカワウソの放飼場が横並びになっており、それぞれの大きさや顔つき、毛の色やツメの有無、泳ぎ方や食べ方の違いなどなど、じっくり比較して観察できます。カワウソ好きにとってはまさに夢のような展示環境で、一日いたって飽きません。できることならテントでも張ってここに泊まり込みたいぐらいです。一番左のツメナシカワウソのいるプールのみ、水中も観察できるようになっています。スタッフの説明が聞ける公開お食事タイムももちろん3種類分。さらに動物科学館にはカワウソコーナーがあり、ニホンカワウソの剥製や生態の模型が展示されています。（2010年2月）

現在、日本国内で血統管理がされているカワウソ（コツメカワウソ、ユーラシアカワウソ）の繁殖の調整は、他の園館が担当されています。（2019年5月）

〈長崎〉

## 長崎バイオパーク

［コツメカワウソ］
長崎県西海市西彼町中山郷2291-1
☎0959-27-1090
http://www.biopark.co.jp/
カワウソ空間 ……………………………………ダイレクト

カピバラの聖地、南米テイストの動物園として名高い長崎バイオパークですが、すごいのはカピばかりではありません。姉妹動物園のマレーシア国立マラッカ動物園からやってきたコツメカワウソたちも人気ですよ。カピバラエリアのすぐ上の「シャボテンロックガーデン」に、軽く10頭は収容できる広いカワウソ放飼場があります。掛け流し（？）のプールはもちろん、滝や急斜面もあって抜群の環境。ただし冬はちょっと寒いらしく、パネルヒーターが設置されていました。いっそカピバラのようにお風呂に入れてあげたくなります。ここがコツメファミリーでいっぱいになるといいなあ。（2010年2月）

## ↘カワウソが充実しているその他の動物園・水族館（2019年5月現在）

【北海道・東北】

おたる水族館
［コツメカワウソ］

ノースサファリサッポロ
［コツメカワウソ］

札幌市円山動物園
［コツメカワウソ］

釧路市動物園
［カナダカワウソ］

盛岡市動物公園
［カナダカワウソ］

アクアマリンふくしま
［ユーラシアカワウソ］

アクアマリンいなわしろカワセミ水族館
［ユーラシアカワウソ］

仙台うみの杜水族館
［ツメナシカワウソ］

秋田市大森山動物園
［コツメカワウソ］

【関東】

アクアパーク品川
［コツメカワウソ］

井の頭自然文化園
［ユーラシアカワウソ］

京急油壺マリンパーク
［コツメカワウソ］

八景島シーパラダイス
［コツメカワウソ］

新江ノ島水族館
［コツメカワウソ］

箱根園水族館
［コツメカワウソ］

市原ぞうの国
［コツメカワウソ］

東武動物公園
［コツメカワウソ］

狭山市立智光山公園こども動物園
［コツメカワウソ］

埼玉県こども動物自然公園
［コツメカワウソ］

那須どうぶつ王国
［コツメカワウソ・ユーラシアカワウソ］

【中部・北陸・東海】

新潟市水族館マリンピア日本海
［ユーラシアカワウソ］

富山市ファミリーパーク
［ユーラシアカワウソ］

のとじま水族館
［コツメカワウソ］

伊豆シャボテン公園
［コツメカワウソ］

伊豆三津シーパラダイス
［コツメカワウソ］

下田海中水族館
［コツメカワウソ］

南知多ビーチランド
［コツメカワウソ］

豊橋総合動植物公園
［コツメカワウソ］

鳥羽水族館
［コツメカワウソ］

伊勢夫婦岩ふれあい水族館
（伊勢シーパラダイス）
［コツメカワウソ・ツメナシカワウソ］

大内山動物園
[コツメカワウソ]

イルカ島海洋遊園地
[コツメカワウソ]

【近畿】

ひらかたパーク
[コツメカワウソ]

みさき公園
[コツメカワウソ]

ニフレル
[コツメカワウソ]

アドベンチャーワールド
[コツメカワウソ]

神戸市立王子動物園
[コツメカワウソ]

姫路セントラルパーク
[コツメカワウソ]

神戸どうぶつ王国
[コツメカワウソ]

【中国・四国】

広島市安佐動物公園
[ユーラシアカワウソ]

宮島水族館みやじマリン
[コツメカワウソ]

周南市徳山動物園
[コツメカワウソ]

ときわ動物園
[コツメカワウソ]

しろとり動物園
[コツメカワウソ]

虹の森公園おさかな館
[コツメカワウソ]

【九州・沖縄】

福岡市動物園
[コツメカワウソ]

響灘緑地グリーンパーク
[コツメカワウソ]

大分マリーンパレス水族館うみたまご
[コツメカワウソ]

うみたま体験パークつくみイルカ島
[コツメカワウソ]

宮崎市フェニックス自然動物園
[ユーラシアカワウソ]

鹿児島市平川動物公園
[コツメカワウソ]

**○カワウソ撮影地一覧**

恩賜上野動物園　p.31, 36, 37
サンシャイン国際水族館　p.24, 25左 , 48上左 , 56下左
東京都多摩動物公園　p.15右 , 21右 , 45, 55, 56下中 , 59下 , 67
千葉市動物公園　p.2, 8, 22, 23, 38, 39, 42, 43, 58下右 , 65
南房パラダイス　p.1, p.48下左 , 49, 53上左
日立市かみね動物園　カバー表、p.5, 7, 9, 10, 11, 16, 17, 20左 , 21左 , 40, 41, 44, 48上中 , 48上右 , 48下中 , 61, 63
越前松島水族館　p.13, 14左 , 15左 , 19, 27, 28, 29, 30, 35下 , 47, 51, 54, 57, 62
海遊館　p.14右 , 34右
池田動物園　p.6, 18, 33右 , 53上右 , 56下右
新屋島水族館　p.4, 25右 , 26, 46, 59上 , 64, 66
とくしま動物園　p.56上右 , 69
愛媛県立とべ動物園　p.68
桂浜水族館　p.48下右 , 58上右
高知県立のいち動物公園　p.12, 34左 , 35上 , 53下左 , 53下右 , 56中右 , 58上左
長崎バイオパーク　カバー裏、p.3, 20右 , 32, 33左 , 50

## 佐藤淳一（さとう　じゅんいち）

1963年、宮城県生まれ。東北大学工学部、武蔵野美術大学短期大学部の順に卒業。写真作家。現在、武蔵野美術大学デザイン情報学科教授。

ブログ「Das Otterhaus」　http://blog.kohan-studio.com/

最新のカワウソ展示施設のリストは、著者のブログからリンクされている「カワウソなび・あっぷでーたー」でご覧ください。


### ●わたしのカワウソライフ

**1970年代**

新聞小説でニホンカワウソのことを知り、子供心がときめく。

**2004年・秋**

モノレール乗りのついでに行った千葉市動物公園で、初めてコツメカワウソを見る。

**2005年・春**

シンガポール動物園でコツメの集団飼育に遭遇。コツメファミリーの底抜けパワーにびっくり。

**2006年・春**

マレーシア国立動物園で、より強力なコツメパワーを浴びる。ブログのタイトルを「Das Otterhaus」（カワウソ屋）に変える。

**2009年・夏**

サンピアザ水族館で、お子様たちにまざってコツメと握手。東京書籍の角田さんのお導きでまじめに撮影をはじめる。

**2009年・秋**

四国カワウソ行脚中に、カワウソの精霊らしきものが肩に乗った感じが…。

**2014年・夏**

第12回国際カワウソ会議出席のためリオデジャネイロへ。ブラジルの奥地に連れて行ってもらい、野生のオオカワウソを撮影。

**2016年・夏**

第13回の国際カワウソ会議はシンガポールでの開催。街中で暮らす野生のビロードカワウソ家族にたまげる。

### ●参考文献


カワウソと暮らす／G. マクスウェル、松永ふみ子訳／冨山房百科文庫／1982

ニホンカワウソ—絶滅に学ぶ保全生物学／安藤元一／東京大学出版会／2008

ニホンカワウソやーい！ 高知のカワウソ読本—四国全域に幻の姿を追う—／町田吉彦ほか／高知新聞社／1997

愛媛県立道後動物園記念誌—34年のあゆみ—／愛媛県立道後動物園、道後動物園協会／1988



ブックデザイン……長谷川　理（phontage guild）

カワウソ

2010年4月1日　第1刷発行
2019年6月30日　第4刷発行

著　者　佐《さ》藤《とう》淳《じゅん》一《いち》
発行者　千石雅仁
発行所　東京書籍株式会社
東京都北区堀船2-17-1　〒114-8524
電話　03-5390-7531（営業）
03-5390-7512（編集）

印刷・製本　株式会社シナノ パブリッシング プレス

ISBN978-4-487-80436-8 C0072





乱丁・落丁の際はお取り替えさせていただきます。
定価はカバーに表示してあります。

東京書籍ホームページ　http://www.tokyo-shoseki.co.jp